BEI GRIN MACHT SICH IHR WISSEN BEZAHLT

- Wir veröffentlichen Ihre Hausarbeit, Bachelor- und Masterarbeit

- Ihr eigenes eBook und Buch - weltweit in allen wichtigen Shops

- Verdienen Sie an jedem Verkauf

Jetzt bei www.GRIN.com hochladen
und kostenlos publizieren

Steffen Schuerer

New Economic Geography: Die Rolle des 'cultural turn'

GRIN Verlag

Bibliografische Information der Deutschen Nationalbibliothek:

Die Deutsche Bibliothek verzeichnet diese Publikation in der Deutschen National-
bibliografie; detaillierte bibliografische Daten sind im Internet über http://dnb.d-
nb.de/ abrufbar.

Impressum:

Copyright © 2005 GRIN Verlag GmbH
Druck und Bindung: Books on Demand GmbH, Norderstedt Germany
ISBN: 978-3-656-61992-5

Dieses Buch bei GRIN:

http://www.grin.com/de/e-book/67108/new-economic-geography-die-rolle-des-
cultural-turn

GRIN - Your knowledge has value

Der GRIN Verlag publiziert seit 1998 wissenschaftliche Arbeiten von Studenten, Hochschullehrern und anderen Akademikern als eBook und gedrucktes Buch. Die Verlagswebsite www.grin.com ist die ideale Plattform zur Veröffentlichung von Hausarbeiten, Abschlussarbeiten, wissenschaftlichen Aufsätzen, Dissertationen und Fachbüchern.

Besuchen Sie uns im Internet:

http://www.grin.com/

http://www.facebook.com/grincom

http://www.twitter.com/grin_com

Seminararbeit

Friedrich- Alexander

Universität Erlangen-Nürnberg

Naturwissenschaftliche Fakultät III

Institut für Geographie

Hauptseminar: „Jüngere Ansätze der Wirtschaftsgeographie"

New Economic Geography: Die Rolle des „cultural turn"

Verfasser: Steffen Schürer

Studienfach: Diplom Politikwissenschaften/NF Geographie 7. Semester

Gliederung

1. Einleitender Rückblick in die wissenschaftliche Disziplin der
Wirtschaftsgeographie – Unterscheidung von alter und neuer
Wirtschaftsgeographie... 3

2. Kultur, eine lediglich unbedeutende Variable in der
wirtschaftsgeographischen Fachdiskussion?...................................... 6

3. Cultural turn- eine theoretische und thematische
Schwerpunktverschiebung;   hin zum interpretativen Konstruktivismus
mit Hilfe von hermeneutisch- phänomenologischer Forschung.......... 8

4. Zusammenfassung, kritische Anmerkungen und Ausblick............13

Abbildungen: 15

Literatur:...16

1. Einleitender Rückblick in die wissenschaftliche Disziplin der Wirtschaftsgeographie – Unterscheidung von alter und neuer Wirtschaftsgeographie

Die Wirtschaftsgeographie als Wissenschaft ist, wie alle anderen Wissenschaften auch, eine sich ständig Weiterentwickelnde. Seit der Überwindung des Kolonialismus, dem Ende des bipolaren Weltbildes bzw. Zusammenstürzen eines weltweit existierenden ideologischen Gedankengebäudes und der rasanten Globalisierung fand auch in der Wirtschaftsgeographie ein Umdenken bzw. Umorientieren statt, um den (wirtschafts-)geographischen Veränderungen Rechnung zu tragen. Die Globalisierung mit ihren tiefgreifenden politischen, sozialen und wirtschaftlichen Folgen spielt hierbei sicherlich eine herausragende Rolle. Daraus resultierte die problematische Tatsache, dass sich bestimmte Sachverhalte und globale Entwicklungen nicht zwingend mit den existierenden wissenschaftlichen Paradigmen bzw. Lehrmeinungen erklären ließen. Auf Grund dieser Entwicklung wird nun versucht, die bisher (in der Wirtschaftsgeographie) vernachlässigte Ebene des Kulturellen in neuere Forschungsansätze zu integrieren.

Betrachten wir zur Unterscheidung von „alter" und „neuer" Wirtschaftsgeographie die jüngere Vergangenheit dieser wissenschaftlichen Disziplin.

Bis in die 60er Jahre hinein war die Wirtschaftsgeographie als ein Zweig der Anthropogeographie, bestehend aus Agrar- und Industriegeographie sowie gewisser Bereiche der Sozialgeographie und der Verkehrsgeographie, hauptsächlich eine deskriptive, sich auf die unkritische Beschreibung von Regionen bzw. Ländern beschränkende Wissenschaft. Das bis dato vorherrschende länderkundliche[1] Paradigma wurde auf internationaler Ebene durch Arbeiten von P. Haggett sowie durch eine umfassende Kritik von Studenten und Professoren auf dem Kieler Geographentag 1969 abgelöst.

---

[1] Seit 1900 stetig steigende Verwendung von Landschaft im Titel von wissenschaftlichen Aufsätzen.

Das alte länderkundliche Programm wurde als *wissenschaftstheoretisch unfundiert, beschreibend statt erklärend, holistisch und naturalisierend charakterisiert*[2].

Bartels, einer der bedeutenden Vertreter dieser neuen Schule auf dem Kieler Geographentag, hatte neue prioritäre Ziele formuliert: Die analytische Erklärung sollte die reine Beschreibung ablösen, außerdem sollte der Raum nicht mehr als Landschaft, sondern als geometrisches Gebilde gesehen werden. Modell- und Theoriebildung sollten auf Grund dieser Analysen eine ökonomische Erklärung der räumlichen Ordnung und Organisation ermöglichen.

Die Analyse von räumlichen Gegebenheiten, Verteilungen bzw. Verflechtungen zwischen Wirtschaftssubjekten und die dadurch entstehenden Theorien sollten von nun an im Vordergrund stehen. *„Es ist Aufgabe der Wirtschaftsgeographie, Beiträge zur Erklärung, Beschreibung und Gestaltung ökonomischer Raumsysteme zu leisten."*[3] Neues Ziel damals war es also die Wirtschaftsgeographie dem entsprechend als chorologische[4] Wissenschaft zu begründen.

Diese doch bedeutende Änderung im wirtschaftsgeographischen wissenschaftlichen Verständnis wird mit dem Schlagwort der „Quantitativen Revolution" verbunden. Klassischer Untersuchungsgegenstand der Raumwirtschaftslehre ist die Analyse von Standortverteilungen und Standortentscheidungen. Die Akkumulation bzw. die Multiplikation vieler Faktoren wie z. B. bestehende Infrastruktur, Lohnkosten, Verfügbarkeit von qualifizierten Arbeitskräften oder Gewinnbesteuerung bzw. Steuerhöhe bildeten die Grundlage für eine Standortanalyse, ob oder ob nicht ein gewisser „Raum" für Unternehmensansiedlungen bzw. Agglomerationen in Frage kommt. In der Raumwirtschaftslehre herrscht ein Kausalitätsverständnis, wonach an jedem Ort zu jeder Zeit eine Ursache ihre spezifische Wirkung hat.

Zusammenfassung: Die wissenschaftstheoretische Grundposition der Raumwirtschaftslehre ist eine deduktiv- nomologische, d.h. Ziel ist das Herausfinden von Gesetzmäßigkeiten bzw. wenn- dann oder je- desto Aussagen treffen zu können.

---

[2] Bathelt, Harald; Glückler, Johannes: Wirtschaftsgeografie. 2002, Stuttgart, S. 20
[3] Schätzl, L.: Wirtschaftsgeographie. 1996 In: Gabler-Volkswirtschafts- Lexikon. Wiesbaden, S. 1295
[4] Chorologie: (grch.- lat.) Raum- oder Ortswissenschaft, besonders in der Geographie und Astronomie

Der raumwirtschaftliche Ansatz prägte die Wirtschaftsgeographie in den letzten 30 Jahren sehr deutlich. Es gab zwar auch andere wissenschaftliche Konzeptionen, wie der verhaltenswissenschaftliche oder der Wohlfahrtsansatz, diese blieben jedoch weitgehend unbedeutend.

Diese eben beschriebene Forschungslandschaft der letzten 30 Jahre kann im Rahmen dieser Hausarbeit als *„alte Wirtschaftsgeographie"* bezeichnet werden.

Diese Arbeit bzw. dieses Referat soll ein Beitrag zum Verständnis der Rolle des cultural turn in der neuen Wirtschaftsgeographie leisten bzw. versuchen ansatzweise die Unterschiede von „alter" und „neuer" Wirtschaftsgeographie aus kulturtheoretischer Sicht zu beleuchten.

2. Kultur, eine lediglich unbedeutende Variable in der wirtschaftsgeographischen Fachdiskussion?

Nachdem wir nun einen kurzen Blick auf die jüngere Vergangenheit der Wirtschaftsgeographie geworfen haben, möchte ich nun den Begriff Kultur und seine Verwendung im wissenschaftlichen Kontext beleuchten.

Kultur ist die Gesamtheit der typischen Lebensformen größerer Menschengruppen einschließlich ihrer geistigen Aktivitäten, besonders der Werteinstellungen.[5] Da diese Definition wenig hilfreich ist, erleichtert wiederum ein historischer Rückblick den Einstieg in dieses „Kulturding".

Eine erste kulturalistische Wende lässt sich im Rahmen der Historismusdebatte Anfang des 20. Jahrhunderts konstatieren. Max Weber forderte damals die Emanzipation der Geisteswissenschaften von den Naturwissenschaften, welche wiederum den Kulturwissenschaften einen eigenständigen, unabhängigen Forschungsbereich ermöglichte. Es entstanden zwei argumentative Varianten in der Kulturgeographie.

In der **ersten** possibilistischen Variante wird Kultur als ein erarbeiteter Erfahrungsschatz im Umgang mit den natürlichen Bedingungen bezeichnet (zu Beginn dieser Entwicklung stand gewissermaßen die kulturelle Tabula rasa). In der **zweiten** naturdeterministischen Variante ist Kultur sogar der unmittelbare Ausdruck natürlicher Bedingungen.

Die von Max Weber geforderte Emanzipation gelang bis in die 80er Jahre nicht wirklich[6], Kultur an sich blieb lange Zeit *territorial verankert*[7] und besaß deswegen wenig Gestaltungskraft im (natur)wissenschaftlichen Kontext.

---

[5] Zeit- Lexikon, 2005, Band 8, S. 360
[6] Erst damals wurde die Soziologie im Rahmen der Bildungsexpansion als Lehrfach an verschiedenen Universitäten eingerichtet
[7] Werlen, Benno: Cultural Turn in Humanwissenschaften und Geographie. In: Ber. z. dt. Landeskunde, Band 77, 2003, S. 38

Samuel P. Huntington ist noch 1996 in seinem Buch „Kampf der Kulturen" von territorial verankerten Kulturkreisen mit starkem Beharrungsmoment und kulturbestimmten Bruchlinien überzeugt[8]. Eine Gegenströmung (eher in geopolitischer Hinsicht als in wirtschaftsgeographischer Hinsicht) wird in diesem Zusammenhang von Francis Fukuyama mit seinem Buch „End of History", erschienen 1992, vertreten.

Erst in den 80er Jahren eröffnete ein neues raumwissenschaftliches Programm, welches Benno Werlen etwas süffisant als Revolution einer halbierten Modernisierung bezeichnet, eine etwas andere Sichtweise. Diese andere Sichtweise war jedoch lediglich eine methodologisch- instrumentelle Revolution. Zusammenfassend lässt sich demzufolge konstatieren: Kulturelle oder gesellschaftliche Phänomene spielten in den wissenschaftlichen Paradigmen der Wirtschaftsgeographie als Erklärungsmöglichkeit für Veränderungen keine oder nur eine untergeordnete Rolle. Allenfalls bemühte sich die Wirtschaftsgeographie den Raum als Erklärungsfaktor für soziale Phänomene darzustellen.

Durch den cultural turn und u.a. das Programm einer sozialtheoretisch revidierten Geographie wurde die Kausalrichtung in den Erklärungsansätzen gedreht. Kultur bzw. Gesellschaft konnten für eine wirtschaftsgeographische Änderung des Raums verantwortlich sein. Unter *Neuer Wirtschaftsgeographie*, für die der cultural turn als Geburtshelfer tätig war, wird momentan <u>ein</u>[9] neuartiger wirtschaftsgeographischer Forschungsansatz bezeichnet, in dem kulturelle, soziale und gesellschaftliche Rahmenbedingungen[10] besondere Berücksichtigung finden.

Der immer noch etwas schwammige Begriff vom cultural turn bedeutet eine Zusammenfassung aller Tendenzen (nicht nur in der Wirtschaftsgeographie), die eine stärkere Hinwendung zur Kultur als Erklärungsmoment fordern[11]. Diese Tendenzen sind in sich nicht immer widerspruchsfrei und können lediglich als Fundament des Gebäudes der „neuen" Wirtschaftsgeographie gesehen werden.

---

[8] siehe dazu auch Grafik 1 aus Huntington, Samuel P.: Kampf der Kulturen, 7. Auflage, München, 1998, S. 31
[9] zeitweilig wird der von P. Krugman vorangetriebene Arbeitsbereich auch als New Economic Geography bezeichnet, dieser soll jedoch keine Beachtung in dieser Arbeit finden.
[10] Vgl.: Kulke, Elmar: Wirtschaftsgeographie, Paderborn, 2004, S. 15ff.
[11] Vgl.: Boeckler, Marc und Lindner, Peter: Jüngere Tendenzen im Umgang mit Kultur und Region in der Wirtschafts- und Sozialgeographie. In: Bahadir, Sefik Alp: Kultur und Region im Zeichen der Globalisierung, 2000, Neustadt an der Aisch

Des Weiteren wird nun versucht, die Schwerpunktverschiebung zu verdeutlichen, um dadurch eine (eventuell) veränderte wissenschaftstheoretische Grundposition herauszufiltern.

3. Cultural turn- eine theoretische und thematische Schwerpunktverschiebung; hin zum interpretativen Konstruktivismus mit Hilfe von hermeneutisch- phänomenologischer Forschung

Als möglicher Hauptgrund für einen solchen cultural turn lässt sich die Trennung von Raum und Zeit in der Moderne konstatieren. Durch diese Trennung wurde die steigende Bedeutung von Kultur in der Moderne eingeleitet. Die Erfindung des Kühlschrankes zur Frischhaltung von Agrarprodukten bzw. die Möglichkeit des Transportes derselben durch ein ausgebautes Schienen- und Straßennetz waren lediglich die Vorboten der Moderne. Die Trennung von Raum und Zeit vollzog sich erstens durch den immer breiteren Zugang für immer mehr Menschen zu immer schneller werdenden Transportmöglichkeiten und zweitens durch die Möglichkeit des grenzenlosen Informationsaustausches ohne Zeitbarriere. Zudem erlangt der Mensch die Fähigkeit über ferne Distanzen handeln zu können, ohne nennenswerte Zeitverluste in Kauf nehmen zu müssen.

Es lässt sich von einer Globalisierung des lokalen Lebens bzw. der lokalen Kultur sprechen. Diese Entwicklung wird von Robertson als „Glocalization" bezeichnet[12]. Daraus folgen immer mehr Berührungspunkte verschiedener „Kulturen" und die Hinterfragung durchgeführter Handlungen bzw. deren Legitimation in der eigenen Gesellschaft. Es lassen sich auf Grund dieser Reflexivität gesellschaftlicher Handlungen und deren Beziehungen keine Aussagen mehr aus dem Raum auf das Gesellschaftliche bzw. das Kulturelle ableiten[13].

---

[12] Werlen, Benno: Cultural Turn in Humanwissenschaften und Geographie. In: Ber. z. dt. Landeskunde, Band 77, 2003, S. 41 und Abbildung 2 als grafische Verdeutlichung
[13] Bathelt, Harald; Glückler, Johannes: Wirtschaftsgeografie. 2002, Stuttgart, S. 22-23

Kulturelle Diversität im lokalen Kontext und ihre Auswirkungen auf wirtschaftlichen Erfolg oder Misserfolg ist demzufolge im Rahmen des cultural turn zu einem zentralen Punkt geworden. Auf Grund der Existenz solcher sich ständig weiterentwickelnder sozio- kultureller Komponenten einer Handlungsentscheidung wird das neoklassische individualistische Handlungskonzept der Raumwirtschaftslehre in Frage gestellt. Der homo economicus mit seinen abstrakten Handlungsmotiven wird abgelehnt. Menschliches Handeln wird nicht mehr isoliert, sondern als kontextuelles Handeln, abhängig von sozialen Bindungen und der Existenz von formellen und informellen Institutionen, betrachtet. Als Folge dieser Entwicklung lassen sich in der Wirtschaftsgeographie folgende (sich gegenseitig ergänzende) **theoretische** Schwerpunktverschiebungen beobachten:

Erstens verschiebt sich die wissenschaftstheoretische Grundposition von einer deduktiv- nomologischen zu einer hermeneutischen. In der Praxis bedeutet dies, die Beziehung Kultur- Wirtschaft als Erklärungsmuster für wirtschaftliches Handeln nicht total zu vernachlässigen bzw. als getrennte Sphären zu sehen (wie es bisher der Fall war), sondern dass Kultur als Akkumulation aller Lebensformen und Lebensweisen, unabhängig von Raum und Zeit, eine nicht vernachlässigbare Erklärungskomponente in der Wirtschaftsgeographie ist. Bestimmte bisher nicht beachtete Faktoren wie *Vertrauen, Gruppenbindungen* (innerhalb von bestimmten Einwanderergruppen oder zwischen Unternehmen in einem Agglomerationsraum), *habitualisierte Handlungsstrategien und individualistische versus gemeinorientierte Grundhaltungen*[14] finden nun als wirtschaftliche Erfolgsfaktoren bzw. als Handlungsmotivation in diesem akteurszentrierten Denkansatz stärkere Beachtung. Handeln wird dementsprechend als kontextspezifisch anerkannt und kann somit nicht mit universell gültigen gesetzesartigen Erklärungen charakterisiert werden. Das raumwirtschaftliche Ziel der deterministischen Theoriebildung muss somit aufgegeben werden, weil es nicht mehr praktikabel ist. Der im Rahmen der „neuen" Wirtschaftsgeographie vorherrschende kritische Realismus wird durch das Prinzip der Kontingenz begründet. Hierbei treten zwei wichtige Arten von Relationen in den Vordergrund:

---

[14] Boeckler, Marc und Lindner, Peter: Jüngere Tendenzen im Umgang mit Kultur und Region in der Wirtschafts- und Sozialgeographie. In: Bahadir, Sefik Alp: Kultur und Region im Zeichen der Globalisierung, 2000, Neustadt an der Aisch, S. 111

10

Erstens gelten notwendige Beziehungen dann, *wenn zwei Ereignisse unabhängig von spezifischen Bedingungen stets verknüpft sind*[15] (Paradigma der deterministischen Theoriebildung). **Zweitens** gelten demgegenüber kontingente Beziehungen immer dann, wenn *sie zwei Ereignisse nur unter spezifischen Bedingungen verknüpfen.*[16] Somit bedeutet das Eintreten eines Ereignisses nicht zwangsläufig das Auftreten eines anderen Ereignisses. Ziel des kritischen Realismus ist es Prinzipien eines Kontextes zu erkennen und auf andere Kontexte zu kopieren. Es soll außerdem die Wichtigkeit kontextueller Handlungen im Verhältnis zur deterministischen Theoriebildung beleuchtet werden.

Zweitens ein steigender Einfluss von Kultur bzw. „cultural studies" und die Verdrängung von politischer Ökonomie als dominierende Strömung innerhalb der wirtschaftsgeographischen (Teil)Disziplin. Im Rahmen des cultural turn werden bestimmte Erklärungsmuster und sogar ganze Forschungsansätze zur Diskussion gestellt. Durch diese neue Strömung in der Wirtschaftsgeographie werden einerseits *disziplinimmanente Einseitigkeiten korrigiert*[17] *(*d.h. lediglich kleinere Korrekturen innerhalb eines bestehenden Gedankengebäudes vorgenommen), anderseits die Entwicklung einer neuen konzeptionellen Ebene innerhalb der Wirtschaftsgeographie angestrebt. Trevor J. Barnes kann auf jeden Fall die sinkende Bedeutung der politischen Ökonomie (u.a. in der Migrationsforschung) in den 90er Jahren und im Gegenzug eine zunehmende Verbindung zu den „cultural studies" innerhalb der Wirtschaftsgeographie feststellen. Im Folgenden sollen vier[18] verschiedene Positionen zum neuen Verhältnis von Wirtschaft- Kultur vs. Politische Ökonomie als Erklärungsmuster dargestellt werden:

---

[15] Bathelt, Harald; Glückler, Johannes: Wirtschaftsgeografie. 2002, Stuttgart, S. 35
[16] Bathelt, Harald; Glückler, Johannes: Wirtschaftsgeografie. 2002, Stuttgart, S. 35
[17] Boeckler, Marc und Lindner, Peter: Jüngere Tendenzen im Umgang mit Kultur und Region in der Wirtschafts- und Sozialgeographie. In: Bahadir, Sefik Alp: Kultur und Region im Zeichen der Globalisierung, 2000, Neustadt an der Aisch, S. 108
[18] nach Crang, Mike: Cultural Geographie, London- New York, 1998

Erstens: Die *Einbettung des Ökonomischen in kulturelle Rahmen.* Nicht die kulturellen Gegebenheiten lassen sich mit den universalen Regeln der Ökonomie erklären, sondern Ökonomie funktioniert (mehr oder weniger gut) nur innerhalb bestimmter Räume und somit innerhalb variierender Umgebungen (global betrachtet). Kenntnisse der jeweiligen Kulturen sind zum Verstehen der jeweils eigenen ökonomischen Logiken unabdingbar.

Zweitens: *Das Ökonomische repräsentiert sich in kulturellen Symbolen und wird durch diese konstituiert.* Kernbestandteile des Ökonomischen wie Arbeit, Gewinn, Produktion haben sich durch kulturelle Gegebenheiten in unterschiedlicher Ausprägung entwickelt. Ökonomie folgt nicht universal- globalen Logiken, sondern wurde und wird durch spezifisch kulturelle Mechanismen bestimmt. Beispiel: Auf Grund des Zinsverbotes im islamischen Kulturkreis werden Möglichkeiten zur Stimulierung einer Volkswirtschaft durch geld- und kreditpolitische Instrumente eingeschränkt.

Drittens: *Das Kulturelle materialisiert sich im Ökonomischen.* Alle Objekte des Ökonomischen besitzen eine unterschiedliche kulturelle Bedeutung, die sich dementsprechend auf Produktion und Absatz auswirken. Beispiel: Global agierende Autokonzerne müssen sich mit ihrem Angebot auf entsprechende kulturell bedingte Besonderheiten einstellen, um die Nachfrage zu stimulieren.
Viertens: *Die strikte Entgegensetzung der beiden Sphären.* Die beiden Sphären sind durch die unterschiedlichen Logiken, die beiden Feldern zugrunde liegt, unvereinbar. Eine stärkere Kulturorientierung wird von dieser Position als unnötig und für wenig hilfreich erachtet.

Des Weiteren hat der cultural turn auch Auswirkungen auf die **thematische** Schwerpunktbildung in der Wirtschaftsgeographie.

12

Eine bestimmte Region wird nun im Rahmen des cultural turn nicht mehr nur als spezifische Kombination bestimmter produktiver Faktoren (wie Lohnniveau, Infrastruktur, Immobileinpreise etc.) sondern als „a real territorial arena of social interaction"[19] und somit muss mit der Änderung des Blickwinkels eine Änderung des Untersuchungsgegenstandes einhergehen. Soziale Interaktion als Untersuchungsgegenstand umfasst somit die industrielle Atmosphäre, Beziehungen zwischen bereits existierenden Firmen oder Institutionen wie Gewerkschaften, Unternehmensvereinigungen oder ähnlichen nicht-staatlichen Interessenvereinigungen. Auf Grund von zunehmend standortunabhängiger Verfügbarkeit vormals lokalisierter Produktionsfaktoren[20] stehen nunmehr andere Faktoren wie die „Lernkapazität" einer bestimmten Region im Vordergrund. Die Beantwortung der in der Wirtschaftsgeographie stets wichtigen Frage nach wirtschaftlichem Erfolg oder Misserfolg eines Raumes oder einer Region wird nun mit der Untersuchung von Akteuren (Unternehmen, Interessenvereinigungen, etc.) und deren Beziehungen untereinander versucht. Gleichzeitig sollen vorhandene Kommunikationsstrukturen sowie die Möglichkeit des einzelnen Akteurs durch entsprechende Interaktion positiv auf das Umfeld einzuwirken, untersucht werden. Neue Aufgabe der Wirtschaftsgeographen ist demzufolge die Analyse des jeweiligen Milieus als Standortentscheidung zu etablieren. Malmberg[21] sieht allerdings in dieser Hinsicht ein bemerkenswertes empirisches Defizit.

---

[19] Crang, Mike: Cultural Geographie, London- New York, 1998, S. 6ff.

[20] Boeckler, Marc und Lindner, Peter: Jüngere Tendenzen im Umgang mit Kultur und Region in der Wirtschafts- und Sozialgeographie. In: Bahadir, Sefik Alp: Kultur und Region im Zeichen der Globalisierung, 2000, Neustadt an der Aisch, S. 115

[21] Aus: Boeckler, Marc und Lindner, Peter: Jüngere Tendenzen im Umgang mit Kultur und Region in der Wirtschafts- und Sozialgeographie. In: Bahadir, Sefik Alp: Kultur und Region im Zeichen der Globalisierung, 2000, Neustadt an der Aisch, S. 115

4. Zusammenfassung, kritische Anmerkungen und Ausblick

Zweifelsohne lässt sich in der Wirtschaftsgeographie die immer häufiger verwendete Vokabel der Kultur konstatieren (parallele bzw. ähnliche Entwicklung wie mit dem Landschaftsbegriff Mitte des 20. Jahrhunderts). Einhergehend mit dieser immer öfteren Verwendung des Kulturbegriffes lässt sich eine manchmal oberflächliche und nicht immer treffende Verwendung des Begriffes feststellen. Auch wenn in der Geographie ein verräumlichter Kulturbegriff noch immer häufig verwendet wird, hat der cultural turn auch hier die wissenschaftliche Debatte belebt. Zudem zwingt der cultural turn zu einem interdisziplinären Arbeiten, was sicherlich für die Qualität der Ergebnisse nicht abträglich ist.

Meiner Meinung nach begünstigte das Ende des Kalten Krieges massiv das Voranschreiten des cultural turns. Kulturelle Unterschiede innerhalb von Gesellschaften eines Nationalstaates existierten seit jeher. Der kulturelle Austausch über Landesgrenzen oder Kontinente hinweg verstärkte sich lediglich im Rahmen der Globalisierung. Mit dem Zusammenbruch des ideologischen Gedankengebäudes des Kommunismus fiel ein propagiertes identitätsstiftendes Merkmal von zwei „Gesellschaften" weg. Der ideologische Unterschied von erster, zweiter und dritter Welt verhinderte (gerade im ehemaligen Deutschland) eine Verdeutlichung der kulturellen Aspekte bzw. Unterschiede (weil sie als mögliche Konkurrenz zum ideologischen Gedankengebäude gesehen werden konnten, wenn z. B. kulturelle Gemeinsamkeiten über die ideologischen Grenzen hinweg entdeckt worden wären). Das Ende des Kolonialzeitalters und die Gleichberechtigung von vormals unterentwickelten Kulturen in Form von Nationalstaaten hat mit dem Aufschwung des cultural turns relativ wenig zu tun. Erstens bezieht sich diese Argumentation auf einen verräumlichten Kulturbegriff in Form von Nationalstaaten. Zweitens ist ein Sitz bei den Vereinten Nationen weder eine „Konservierungsgarantie" für die eigene Kultur noch sorgt er für höhere Akzeptanz derselben. Gegenbeispiel hierfür sind erstens die Maori in Neuseeland, deren Kultur bis heute, obwohl sie nie eigenständig im Sinne des Völkerrechts waren, lebendig geblieben ist und sogar durch den Rugbysport weltweit bekannt wurde.

Zum zweiten ist Ost- Timor nach jahrzehntelangem Unabhängigkeitskampf vom indonesischen Besatzungsregime unabhängig im Sinne des Völkerrechts geworden, ihre eigene Kultur wurde dadurch in irgendeinem Sinne weder auf- noch abgewertet. Durch den Unabhängigkeitskampf erfuhr ihre eigene Kultur wahrscheinlich sogar größeres Interesse.

Aus wirtschaftsgeographischer Sicht stellt sich außerdem die Frage ob der neue Forschungsgegenstand, die ökonomischen Beziehungen im Kontext, weltweit und universell als Untersuchungsgegenstand taugt. In Anlehnung an die Theorie der fragmentierenden Entwicklung stellt sich die Frage, ob die oben skizzierte Entwicklung z. B. nur in globalisierten und globalen Orten stattfindet und die Neue Peripherie wissenschaftlich uninteressant wird.

Die Globalisierung und die dadurch stattfindende Sensibilisierung des Individuums für andere Kulturen birgt nicht nur ein enormes Innovationspotential (nicht nur in der Wirtschaftsgeographie), sondern auch ein hohes Konfliktpotential in sich (Spaltung der Gesellschaft und somit Gefahr für den gesellschaftlichen Frieden und Schwächung der Wirtschaftskraft einer Region oder einer ganzen Volkswirtschaft).

Abbildungen:

Abbildung 1

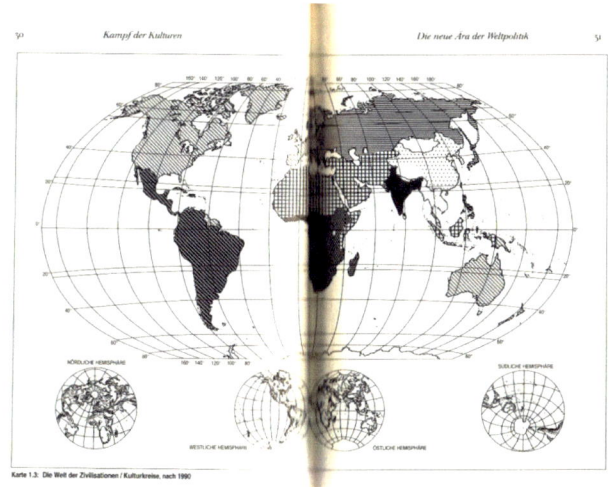

Karte 1.3: Die Welt der Zivilisationen/ Kulturkreise, nach 1990

Quelle: Huntington, Samuel P.: Kampf der Kulturen, 7. Auflage, München, 1998, S. 31

Abbildung 2

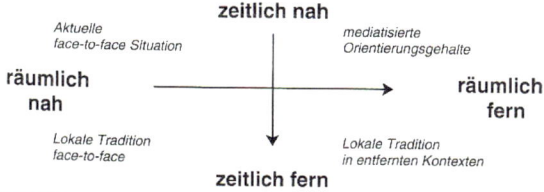

Abb. 1: Räumliche und zeitliche Aspekte kultureller Bedingungen

Quelle: Werlen, Benno: Cultural Turn in Humanwissenschaften und Geographie. In: Ber. z. dt. Landeskunde, Band 77, 2003, S. 41

Literatur:

1. Bathelt, Harald; Glückler, Johannes: Wirtschaftsgeografie. 2002, Stuttgart

2. Boeckler, Marc und Lindner, Peter: Jüngere Tendenzen im Umgang mit Kultur und Region in der Wirtschafts- und Sozialgeographie. In: Bahadir, Sefik Alp: Kultur und Region im Zeichen der Globalisierung, 2000, Neustadt an der Aisch

3. Crang, Mike: Cultural Geographie, London- New York, 1998

4. Kulke, Elmar: Wirtschaftsgeographie, Paderborn, 2004

5. Schätzl, L.: Wirtschaftsgeographie. 1996 In: Gabler-Volkswirtschafts- Lexikon. Wiesbaden

6. Werlen, Benno: Cultural Turn in Humanwissenschaften und Geographie. In: Ber. z. dt. Landeskunde, Band 77, 2003